BEI GRIN MACHT SICH IHR
WISSEN BEZAHLT

- Wir veröffentlichen Ihre Hausarbeit,
  Bachelor- und Masterarbeit

- Ihr eigenes eBook und Buch -
  weltweit in allen wichtigen Shops

- Verdienen Sie an jedem Verkauf

Jetzt bei www.GRIN.com hochladen
und kostenlos publizieren

Oberflächenbehandlung von Aluminium. Welche Voraussetzungen müssen für die Schweißbarkeit und Lackierbarkeit der Bauteile gewährleistet sein?

Jonas Dorn

Bibliografische Information der Deutschen Nationalbibliothek:

Die Deutsche Nationalbibliothek verzeichnet diese Publikation in der Deutschen Nationalbibliografie; detaillierte bibliografische Daten sind im Internet über http://dnb.d-nb.de abrufbar.

ISBN: 9783346577504
Dieses Buch ist auch als E-Book erhältlich.

Druck und Bindung: Books on Demand GmbH, Norderstedt Germany
Gedruckt auf säurefreiem Papier aus verantwortungsvollen Quellen

Das vorliegende Werk wurde sorgfältig erarbeitet. Dennoch übernehmen Autoren und Verlag für die Richtigkeit von Angaben, Hinweisen, Links und Ratschlägen sowie eventuelle Druckfehler keine Haftung.

Das Buch bei GRIN: https://www.grin.com/document/1167466

Inhalt

1 Einleitung

Schweißen und Lackieren sind zwei übliche Bearbeitungsverfahren in der Industrie. Beim Lackieren tragen die Arbeiter Schutzschichten auf der Basis organischer Materialien auf. In der Automobilindustrie dient die Lackierung insbesondere dem Korrosionsschutz. Eine unzureichende Oberflächenbehandlung vor dem Lackieren senkt die Wirksamkeit des Schutzes drastisch. Unter anderem Seiffert verweist darauf, dass die Automobilhersteller in der Vergangenheit Einsparungen im Hinblick auf die korrekte Oberflächenbehandlung vorgenommen und diese Begebenheit durch Zusätze im Lack kaschiert. Es ist seitdem nicht mehr zulässig, bestimmte Lackzusätze zu verwenden, sodass die Automobilhersteller gezwungen sind, auf die qualitativ hochwertige vorbereitende Oberflächenbehandlung zu achten (vgl. Seiffert 2005, S. 701).

Ein weiterer Verarbeitungsprozess beim Umgang mit dem Werkstoff Aluminium ist das Schweißen. Aluminium ist ein leichter Stoff, was beim späteren Einsatz von Vorteil ist. Die Verarbeitung wird jedoch teilweise durch die physikalischen und chemischen Eigenschaften von Aluminium erschwert. Die Auswahl des richtigen Schweißverfahrens ist für eine erfolgreiche Durchführung entscheidend. Eine allgemeine Aussage, welches Verfahren unabhängig vom Material am besten geeignet ist, ist nicht möglich. Der Zusammenhang zwischen den Eigenschaften des zu bearbeitenden Materials und dem Schweißverfahren ist von großer Bedeutung. Bezogen auf Aluminium stellt das kleine Erstarrungsintervall eine Herausforderung dar. Der Übergang zwischen fest und flüssig erfolgt sehr schnell. Kürzere Schweißzeiten und höhere Schweißstromstärken sind erforderlich. Dem eigentlichen Schweißprozess ist eine Oberflächenbehandlung vorgeschaltet. Sie dient im Wesentlichen der Entfernung der Oxidschicht, da ansonsten der Schweißprozess gestört wird (vgl. Bachhofer 2000, S. 115).

Der Begriff der Oberflächenbehandlung beschreibt eine Gruppe von Verfahren zur Veränderung und Reinigung der Oberflächen von Werkstoffen. Die mechanischen, chemischen und physikalischen Eigenschaften der Stoffe verändern sich. Grundsätzlich erfolgt die Oberflächenbehandlung aus drei möglichen Gründen:

- dekorative Zwecke
- zur Vorbereitung für stoffschlüssige Verarbeitungsprozesse
- Erweiterung des Anwendungsspektrums (vgl. Ostermann 2014, S. 518).

Diese Thematik steht im Mittelpunkt dieser Arbeit. Dabei wird der erste Aspekt nur indirekt angesprochen, der Fokus liegt auf den notwendigen Oberflächenbehandlungen zur Vorbereitung für eine weitere Verarbeitung. Dabei geht es um die Fragestellung: „Oberflächenbehandlung von Aluminium: Welche Voraussetzungen müssen für die Schweißbarkeit und Lackierbarkeit der Bauteile gewährleistet sein?"

Vor diesem Hintergrund werden die beiden Vorgänge „Schweißen" und „Lackieren" dargestellt. Es wird auf die Erfordernisse und die Durchführung der vorbereitenden Oberflächenbehandlung eingegangen. Die Ausführungen haben praktische Bedeutung - unter anderem im Fahrzeugbau. Dabei geht es darum, technologische Vorteile zu erzielen, indem Bauteile aus Aluminium beschichtet werden. Um die Bearbeitung von Aluminium erfolgreich vorzunehmen, müssen die Anforderungen an die Oberflächenbehandlung bekannt sein. Grundsätzlich stehen verschiedene Methoden der Oberflächenbehandlung von Aluminium zur Auswahl: mechanische, metallurgische, elektrochemische, chemische und physikalische. Es ist zu erörtern, wann mit welchen Verfahren die beste Wirkung erzielt wird und die anschließenden Verarbeitungsprozesse optimal unterstützt werden beziehungsweise zum Erreichen der langfristig gewünschten Ziele bezüglich der Eigenschaften der Bauteile führen. Wirtschaftliche Aspekte sind ebenfalls zu berücksichtigen. Die Oberflächenbehandlung in der Industrie resultiert in steigenden Kosten, weswegen die Schaffung optimaler Voraussetzungen und die Auswahl der passenden Verfahren von Bedeutung sind (vgl. Ostermann 2014, S. 587).

2 Vorstellung des Materials Aluminium

2.1 Chemische und physikalische Eigenschaften

Aluminium ist ein Element der III. Gruppe des Periodensystems. Es besitzt die Ordnungszahl 13 und hat somit 13 Protonen im Kern. Der Stoff ist eines der weltweit verbreitetsten Metalle. Es ist Bestandteil verschiedener Verbindungen, wie Aluminiumoxid und Bauxit. Vor allem das leichte Gewicht in Kombination mit einer hohen Belastbarkeit haben zur vermehrten Verwendung beigetragen. Unter anderem Fahrzeuge, Hochspannungsleitungen und Verpackungen werden aus Aluminium hergestellt (vgl. Stockley 2007, S. 176).

Als einer der Entdecker des Aluminiums gilt der dänische Physiker und Chemiker Hans Christian Oersted. 1824/1825 gelang ihm die Darstellung von - wenn auch relativ unreinem - Aluminium. Drei Jahre später schaffte der Deutsche Friedrich Wöhler die Rein-Darstellung von Aluminium. Der Name „Aluminium" leitet sich von „alumen" (= Alaun) ab. Oersted sprach vom Argilium, jedoch setzte sich seine Namenswahl nicht durch (vgl. Ocken 2015, S. 115).

Aluminium wird der Gruppe der Leichtmetalle zugeordnet. Der Schmelzpunkt von Aluminium liegt bei 660 Grad Celsius. Legierungen beziehungsweise Zusammensetzungen können höhere oder niedrigere Schmelzpunkte besitzen. Auch beim Siedepunkt hängt der konkrete Wert von der Art der Legierung ab. Das reine Material ist durch einen Siedepunkt von 2.270 Grad Celsius gekennzeichnet. Die Dichte von Aluminium beträgt 2,70 g/cm³ bei einer relativen Atommasse von 26,98. Der Atomradius wurde zu 143,1 p berechnet, der Ionenradius lässt sich auf 57 pm beziffern. Die elektrische Leitfähigkeit ist in der Literatur mit 36 m/Ohm·mm² angegeben. Aufgrund der hohen Reaktionsfähigkeit wird Aluminium als recht unedles Leichtmetall eingestuft. Bereits beim Kontakt mit der Luft bildet sich schnell eine Oxidationsschicht. Diese Schicht stellt einen gewissen Schutz dar, weswegen Aluminium als korrosionsbeständig gilt. Eine Methode zum Erzeugen einer oxidischen Schutzschicht ist das Eloxal-Verfahren. Die Schutzschicht entsteht durch Umwandlung der obersten Metallschicht in ein Hydroxid beziehungsweise Oxid. Das Eloxal-Verfahren stärkt die anodische Oxidation und erhöht die Korrosionsbeständig von Aluminium. Der Werkstoff Aluminium leitet Wärme und Strom gut. Er bildet eine zähflüssige Schmelze und ist dehnbar (vgl. Rau, Ströbel, 2004, S. 78).

2.2 Einsatzmöglichkeiten in der Industrie

In der ersten Hälfte des 20. Jahrhunderts ging die Industrie dazu über, Aluminium als Austauschstoff für Kupfer, Blei, Zink und Zinn zu verwenden. Bereits

während des ersten Weltkrieges wurde Aluminium als Austauschstoff eingesetzt, allerdings besaß das Material zu diesem Zeitpunkt das Image eines „bil-
ligen Ersatzstoffes„. Stahl galt als besonders robust und beständig, Aluminium
hingegen präsentierte sich leicht und musste zunächst das Vertrauen der Anwender und der Industrie gewinnen. Veränderte Produktionsmethoden sorg-
ten vor dem Zweiten Weltkrieg für die gesteigerte Wertschätzung von Aluminium in der Industrie (vgl. Knauer 2014, S. 163).

In der zweiten Hälfte des 20. Jahrhunderts wurde Aluminium aufgrund des
niedrigen Preise und der hohen Preisstabilität immer mehr in der Industrie eingesetzt (vgl. Knauer 2014, S. 245). Vor allem im Flugzeugbau und im Automobilbau wurde Aluminium zahlreich in der Produktion verwendet. Das leichte
Material verbessert die Eigenschaften der Flugzeuge beziehungsweise Fahrzeuge. Das reduzierte Gewicht führte unter anderem zu Einsparungen im
Kraftstoffverbrauch. Je leichter ein Flugzeug ist, desto weniger Kerosin wird
für den Flug benötigt. In den 1960er Jahren kamen bei einem Automobil rund
20 bis 30 Kilogramm Aluminium zum Einsatz. Bis heute hat sich der Verbrauch
auf circa 150 Kilogramm pro Automobil gesteigert. Vor allem Eisen und Grau-
guss wurden durch den neuen Werkstoff ersetzt. Aluminium wird dabei unter
anderem für das Fahrwerk, den Motor und das Getriebe genutzt. Voraussetzung für den vermehrten Einsatz im Automobilsektor war die Verbesserung
der Bearbeitungsmöglichkeiten. Entscheidend für die große Bedeutung, die
Aluminium heute in der Automobilindustrie hat, ist, dass es seit den 1950er
Jahren möglich ist, auch größere Gussteile aus Aluminium herzustellen (vgl.
Knauer 2015, S. 246).

Schienenfahrzeuge werden ebenfalls aus Aluminium gefertigt. Bereits in den
1920er Jahren gab es erste Versuche, das leichte Material zu nutzen. Die hohen Material- und Herstellungskosten schreckten jedoch die Industrie ab, Stahl
galt weiterhin als wichtigster Baustoff. Erst nach dem Zweiten Weltkrieg wurde
Aluminium vermehrt in der Produktion von Schienenfahrzeugen verwendet.
Eine der ersten vollständig geschweißten Wagenkonstruktionen mit Profilen
aus Aluminium wurde in den 1960er Jahren gefertigt (vgl. Knauer 2015, S.
248).

Getränkedosen werden ebenfalls als Aluminium hergestellt. Erste Vorstöße hinsichtlich des Einsatzes von Aluminium in der Getränkedosen-Massenfertigung stammten aus den USA. Zunächst wurden die Weißblechdosen mit Aufreißern aus Aluminium versehen. Die Aluminiumdose weist gegenüber der Dose aus Weißblech einige Vorteile auf: Die Dose wird nahtlos hergestellt, weswegen die Dichtigkeit größer ist. Die Kaltfestigkeit des Materials führt zu einer im Vergleich zu Weißblech gleichwertigen Stabilität. Obgleich der Vorteile von Aluminium war die Einführung des Stoffes in den USA hinsichtlich der Getränkedosenfertigung nicht frei von Schwierigkeiten. Die Stahlindustrie fürchtete um den Verlust eines wichtigen Absatzmarktes und konnte die vollständige Umstellung auf den neuen Werkstoff lange Zeit verhindern (vgl. Knauer 2015, S. 253).

2.3 Besonderheiten bezüglich der Verarbeitung

Bei der Verarbeitung von Aluminium muss wie bei der Verarbeitung von anderen Werkstoffen auch das Bruchverhalten berücksichtigt werden. Werkstoffe sind großen Belastungen ausgesetzt und dürfen unter Druck nicht brechen. Das Bruchverhalten bezieht sich auf zwei Szenarien: Zum einen muss der Arbeiter bei der Bearbeitung des Materials die maximale Krafteinwirkung kennen, bei der das Metall bricht. Zum anderen müssen die Belastungsgrenzen des Aluminiums bei der praktischen Anwendung (beispielsweise im Fahrzeug) bekannt sein. Da Aluminium in Leichtbaukonstruktionen eingesetzt wird, muss das Verhalten bei zyklischen Belastungen betrachtet werden. Ermüdungserscheinungen müssen weitestgehend verhindert werden, sie resultieren in der Beschädigung des Materials und somit im Bauteil. Traditionell erfolgt die Beurteilung der Betriebstauglichkeit bei rissfreien Bauteilen. Aluminium wird jedoch geschweißt, wodurch kleine Risse und Kerben entstehen können. Die linear-elastische und die elastisch-plastische Bruchmechanik sind daher hinsichtlich der Beurteilung von Aluminium von Bedeutung. Beschreibt man die Festigkeit und die Verformbarkeit von Aluminium, dann muss man Spannungs- und Dehnungszustände berücksichtigen. Das Material befindet sich in einem bestimmten Zustand, äußere Kräfte wirken auf das Material ein (vgl. Ostermann 2014, S. 272).

Die Industrie nutzt Aluminium-Legierungen, die zwischen 400 und 550 Grad Celsius weich und verformbar sind. Die Verarbeitung des Werkstoffes ist in diesem Zustand sehr gut. Das Material kann nach Belieben in die gewünschte Form gebracht werden. Die für die Warmverformung notwendige Temperatur ist im Vergleich zu anderen Werkstoffen geringer. Die Energie und die Zeit, die notwendig sind, um das Material in den Ausgangszustand zu bringen, sind gering. Vor allem beim Strangpressen erweist sich die geringe Temperatur als vorteilhaft. Die Energie, die benötigt wird, um das Aluminium auf seine Um-formtemperatur zu erhitzen, ist geringer als bei anderen Metallen. Nachdem das erwärmte Pressling die richtige Temperatur erreicht hat, wird er mit einem Stempel durch eine Matrize gedrückt. Das Strangpressen ist mit unterschied-lichen Profilen möglich. Zur Vermeidung von Erstarrungsrissen eignen sich das Vorwärmung des Bauteils sowie kleine und flache Schweißbäder. Durch einen Austausch der Matrize wird dabei ein neues Profil erzeugt (vgl. Stüssi 1955, S. 24).

Das Waschen inklusive der Entfernung von Fetten auf der Oberfläche ist für die weitere Verarbeitung von Aluminium grundlegend. Es ist wichtig, hierbei sorgfältig zu arbeiten, sodass selbst kleine Mengen Fett nicht auf der Oberflä-che verbleiben. Mit den eingesetzten Reinigungsmitteln sollte deshalb nach-haltig gearbeitet werden, um das Wiederansammeln von Fett zu verhindern. Darüber hinaus müssen Maßnahmen ergriffen werden, die während der spä-teren Prozesse die erneute Verschmutzung der Oberfläche verhindern. Ver-unreinigungen und Schichten, die sich auf der Oberfläche befinden, müssen durch das Waschen vollständig entfernt werden, um die nachfolgenden Schritte - inklusive der weiteren Vorbereitung und der Oberflächenbehandlung - nicht zu gefährden. Ein Beispiel ist das Vorhaben des Beizens. Verbleibt eine Schicht auf der Oberfläche, dann kann das Beizmittel nur ungleichmäßig an-greifen und das Ergebnis ist fleckig (vgl. Drossel et. al. 2018, S. 521).

Bei der Reinigung hat der Sinnersche Kreis eine entscheidende Bedeutung. Danach wird davon ausgegangen, dass vier Grundparameter für die Reini-gung essenziell sind: Chemie, Mechanik, Zeit und Temperatur. Die vier Para-meter fungieren unabhängig voneinander, sollten jedoch im richtigen Verhält-nis zueinander stehen. Die Darstellung in einem Kreisdiagramm ist üblich. Das

Diagramm verdeutlicht, dass einzelne Faktoren durch die übrigen Faktoren ausgeglichen werden können. Ein Beispiel ist das Bestreben, eine schonende Reinigung vorzunehmen. Der Faktor Chemie kann in diesem Fall herabgesetzt werden, gleichzeitig muss unter anderem die Zeit erhöht werden (vgl. Bleisch, Majschak, Weiß 2011, S. 281).

3 Schweißen und Lackieren

3.1 Der Vorgang des Schweißens

Der Begriff „Schweißen" bezieht sich auf einen Fügevorgang. Dabei werden zwei oder mehr Bauteile dauerhaft miteinander verbunden. Auftragsschweißen bezieht sich auf das Beschichten, das durch Schweißvorgänge realisiert wird. Das Fügen erfolgt unter Einwirkung von Wärme und Druck. Schweißzusatzstoffe können, müssen jedoch nicht, zum Einsatz kommen. Werden die Bauteile miteinander verbunden, so wird dadurch die untrennbare Verbindung angestrebt. Es ist nicht vorgesehen, die Bauteile wieder zu lösen. Die Verbindungen, die durch das Schweißen entstehen, weisen eine hohe Festigkeit auf. Ein Beispiel für ein Schweißverfahren ist das Gasschmelzschweißen. Der Arbeiter führt den Schweißbrenner und den Schweißstab entlang der Fuge. Das Brenngas verbrennt mit Sauerstoff, wodurch Hitze entsteht. Vor allem im Rohleitungsbau wird diese Methode genutzt (vgl. Köstermann 1997, S. 46).

Obgleich keine großen technischen Gerätschaften erforderlich sind, muss beim Schweißen Sauerstoff zugeführt werden. Er wird in Stahlflaschen bereitgestellt und ist für den Schweißvorgang unersetzlich (vgl. Köstermann 1997, S. 47).

Durch das Schweißen können unterschiedliche Fugenformen erzeugt werden. Diese Fugenform ist relevant für die späteren Eigenschaften des erzeugten Bauteils (vgl. Köstermann 1997, S. 51).

Da beim Schweißen die Schweißstelle erwärmt wird, wodurch sie sich mit dem anderen Bauteil verbinden kann, ergibt sich die Gefahr, dass sich das komplette Bauteil verformt oder verzieht. Werden beispielsweise Rohre geschweißt, können sich die Rohre in ihrer Länge verkürzen, was zu Passproblemen führt. Daher ist es wichtig, die Bauteile einzuspannen und zu sichern.

Sie müssen vor Veränderungen ihrer Länge bewahrt werden (vgl. Köstermann, S. 52).

Probleme können auch beim nach der Verbindung der Bauteile auftretenden Erstarren auftreten. Sowohl in der Flüssigphase als auch in der Erstarrungsphase besteht das Risiko der Entstehung von Rissen. Erfolgt die Rissbildung während der Erstarrung, so wird von Erstarrungsrissen gesprochen. Risse sind zweidimensional und stellen eine Trennung von Teilen des Materials dar. Sie unterbrechen die glatte Oberfläche und wirken dadurch störend. Nicht nur optisch fallen Risse im Material auf, auch die Funktionalität und die Eigenschaften des Materials können durch Risse - abhängig von ihrer Position und der Größe - beeinträchtigt sein (vgl. Hilbinger 2001, S. 9).

Beim Schweißen von Aluminium kommen vor allem die Methoden des Rollennahtschweißens, des Laserstrahlschweißens und des Schutzgasschweißens zum Einsatz. Die Schweißgeschwindigkeiten sind beim Aluminium im Vergleich zum Schweißen von Stahl deutlich geringer. Dabei ist die Kenntnis der Geschwindigkeit wichtig, um den Zeitbedarf für die Arbeitsschritte zu kalkulieren. Wird Aluminium geschweißt, dann beträgt die Geschwindigkeit rund 1 Meter pro Minute. Das Schutzgasschweißen ist im Vergleich zum Rollennahtschweißen schneller. Die Bearbeitung von Aluminium ist mit einer Geschwindigkeit von 2 Metern pro Minute möglich. Dieses Verfahren ist somit doppelt so schnell, jedoch immer noch langsamer als die Verarbeitung von Stahl, bei der Geschwindigkeiten von 6 bis 8 Metern pro Minute erreicht werden. Hinsichtlich des Laserstrahlschweißens ist es schwierig, eine konkrete Geschwindigkeit anzugeben. Vor allem die Nahtkonstruktion entscheidet über die resultierende Geschwindigkeit (vgl. Bachhofer 2000, S. 115).

3.2 Der Vorgang des Lackierens

Beim Lackieren wird eine dünne Schicht auf die zu verarbeitenden Materialien aufgebracht. Aus dem Lack entsteht ein Film, der sich auf der Oberfläche absetzt und den Kontakt zwischen dem eigentlichen Material und der Umgebung unterbindet. Somit sind Bauteile, die lackiert sind, vor externen Einflüssen geschützt. Spricht man vom Lackieren, dann ist das Aufbringen von organischen

Lacken gemeint. Möglich ist auch das Aufbringen von Pulverlacken. Im Karosserieb au in der Automobilindustrie sind PVC-Organosolen als Material zum Lackieren üblich. Die Karosserie wird so durch den Lack vor Korrosion geschützt und ist der Witterung nicht ungeschützt ausgesetzt. Gleichzeitig erzeugen die Hersteller durch das Lackieren optische Effekte. Die Fahrzeuge erhalten ein bestimmtes Design beziehungsweise ihre Farbgebung (vgl. Ortlieb, S. 16).

Im Fahrzeugbau stehen zahlreiche Lacke zur Verfügung. Für die Fahrzeugreparatur sind mehr als 20.000 unterschiedliche Farbtöne registriert. Über 13.000 unterschiedliche Substanzen werden dabei für das Lackieren eingesetzt. Die Beschichtungsverfahren sind ebenfalls verschieden. Mehr als 20 voneinander abweichende Vorgehen sind bekannt. Beim Spritzlackieren wird der Lack durch Düsen ausgeströmt und nimmt eine besonders feine Form an. Er setzt sich auf der Oberfläche ab und bildet nach und nach die gewünschte Schicht. Das Lackieren ist dabei auch per Hand möglich. Der Arbeiter führt dann die Düse mit bestimmten Bewegungen in einem wohldefinierten Abstand über die Oberfläche. Die Handbewegungen sind für die Qualität des Ergebnisses von Bedeutung. Daher ist festgelegt, wie der Arbeiter den Lack aufbringt beziehungsweise welche Handbewegungen er vollzieht. Ein zentrales Bauteil der Geräte, die für das Lackieren eingesetzt werden, ist der Zerstäuberkopf der Spritzpistole. Im Laufe der Jahre hat die Industrie ihre Vorgehensweisen und die Einstellungen der Gerätschaften beim Lackieren mehr und mehr präzisiert. Vor allem durch die Umstellung vom manuellen Lackieren hin zum automatischen Lackieren erfolgt nun eine Computerunterstützung, mit der im Vorfeld ermittelt wird, wie die Lacke aufgebracht werden sollen und welche Ergebnisse entstehen. Die Geschwindigkeit und die Bewegungsrichtung der Spritzköpfe sind entscheidend für das spätere Erscheinungsbild des lackierten Materials. Die Dämpfe beziehungsweise der Lack breitet sich jedoch nicht nur auf der Oberfläche aus, sondern ist in Form von feinen Partikeln auch in der Luft zu finden. Dabei wird versucht, diese Streuverluste so weit wie möglich zu vermeiden. Allerdings ist die Abschirmung sinnvoll, um den Lack räumlich zu halten (vgl. Ortlieb, S. 17).

Von besonderer Bedeutung beim Lackieren ist die Dicke des Lacks. Es ist möglich, mehrere Lackschichten aufzutragen. Alternativ kann auch eine dickere Lackschicht gewählt werden. Sowohl die Einstellung und Konstruktion der Düsen als auch der direkte Vorgang des Lackierens beeinflussen die Dicke der erzeugten Lackschicht. Im Allgemeinen besitzen die Lackschichten eine Dicke von 5 bis 20 Gramm je Quadratmeter. Dies bedeutet, dass pro Quadratmeter Oberfläche 5 bis 20 Gramm Lack aufgetragen werden. Beträgt die Dicke des aufgebrachten Films mehr als 10 Gramm je Quadratmeter, dann entsteht eine porenfreie Oberfläche. Das Lackieren sowie die Dicke der Lackschicht beeinflussen die Festigkeit des Materials. Es ist möglich, durch eine dicke Lackschicht die Festigkeit des Bauteils beziehungsweise der Folien zu erhöhen. Ein Problem dabei ist aber die Gefahr des Abblätterns des Lacks, denn der Lack trocknet und kann rissig werden. Bewegt man das Bauteil, so gerät der Lack unter Spannung und kann abbrechen. Moderne Vorgehensweise verhindern das Abblättern des Lacks, sodass die Schutzwirkung lange erhalten bleibt (vgl. Drossel 2018, S. 102).

Die Tropfenform des Lacks ist für das Ergebnis des Lackierens ebenfalls von Bedeutung. Die Größe der Tropfen in Kombination mit dem gewählten Vorgehen entscheidet über die Auftreffgeschwindigkeit des Lacks auf der Oberfläche. Trifft der Lack zu schnell auf der Oberfläche auf, so können einzelne Partikel des Lacks zu schnell absinken und sich ungewünscht ausbreiten. Das Licht wird dadurch auf eine abweichende Form reflektiert, was zu unerwünschten Effekten führt. Dieses Problem ist beispielsweise hinsichtlich von Aluminium-Flakes bekannt, die im bestimmten Lacken enthalten sind und sich auf der Oberfläche ausrichten. Sind die Tropfen zu groß, dann ist die Helligkeit des Lacks zu gering. Während des Auftragens ist der Lack nass. Er passt sich der Form der Oberfläche an und trocknet anschließend. In der Zeit des Trocknens sind die Partikel im Lack beweglich. Sie können sich nach unten absetzen, wodurch die Wirkung des Lacks beeinflusst wird. Große Tropfen begünstigen das Absinken von Partikeln im Lack, der später dunkler wirkt (vgl. Svejda 1998, S. 32).

Die Automatisierung des Lackierens in der Industrie hat zu zahlreichen Verbesserungen geführt. Ein Aspekt ist die Erhöhung der Steuermöglichkeit. Das

Lackbild wird dabei im Vorfeld mittels Computersimulation überprüft. Zugleich reduzieren sich die Kosten für das Lackieren. Durch die Düsen gelangt der Lack in die Luft und anschließend auf die Oberfläche. Je präziser die Düsen gesteuert werden können, desto abgestimmter ist die Dosierung des Lacks. Vorteile entstehen auch für die Umwelt, da die Belastung - beispielsweise durch Lösungsmittel - geringer sind. Auch wird die Reinigung der Fahrzeughallen, in denen das Lackieren erfolgt, erleichtert. Beim Lackieren erfolgt eine relative Bewegung. Theoretisch sind zwei Vorgehensweisen möglich. Zum einen kann das Werkstück bewegt werden und an den Düsen vorbeigeführt werden. Im Allgemeinen findet jedoch eine umgekehrte Vorgehensweise statt. Die Lackierpistolen bewegen sich und das Bauteil steht still. Aktuell werden vor allem Lackierroboter mit Knickarmtechnologie eingesetzt. Sie bewegen sich um das Werkstück herum und lackieren es. Dabei wird der Lack über den Arm bis zu den Düsen befördert und gelangt so an die Luft. Der Arm passt sich der Oberfläche des Bauteils an, wodurch auch kleine Ritzen und Einkerbungen erreicht werden. Die Geschwindigkeit und der Abstand zum Bauteil sind zur Erreichung der erforderlichen Qualität wichtig. Es besteht bei einer zu hohen Geschwindigkeit die Gefahr, dass sich der Lack nicht in Vertiefungen absetzt. Moderne Programme berücksichtigen diese Stellen. Im Computer befindet sich dazu ein detailliertes Modell vom zu bearbeitenden Werkstück. Der Roboterarm nutzt dieses Programm und agiert außerdem mit entsprechenden Sensoren zur Erkennung des Abstandes und seiner Position. Bereits in den 1980er Jahren wurden in Deutschland die ersten Lackierroboter in der Industrie eingesetzt. Mittlerweile wird auch die KI im Bereich des Lackierens genutzt, Weiterentwicklungen sollen die Effizienz und die Ergebnisse positiv beeinflussen. Auf diese Weise können Kosten reduziert werden, gleichzeitig werden bessere Ergebnisse erreicht (vgl. Svejda 1998, S. 33).

3.3 Möglichkeiten und Erfordernisse von Oberflächenbehandlungen

3.3.1 Mechanische Oberflächenbehandlungen

Die Gruppe der mechanischen Oberflächenbehandlungen umfasst verschiedene Methoden:

- Schleifen
- Gleitschleifen
- Bürsten
- Honen
- Strahlen
- Polieren
- Trommelpolieren
- Läppen
- Hochglanzwalzen
- Glattwalzen
- Sprengplattieren
- Dessinierwalzen (vgl. Ostermann 2014, S. 588).

Für das Bürsten werden Bürstwalzen eingesetzt. Möglich sind sowohl das einseitige wie auch zweiseitige Bürsten. Das Ziel dieser Oberflächenbehandlung ist das Herstellen einer gleichmäßig aufgerauten Oberfläche. Die Dicke der Bänder sollte mindestens 0,03 Millimeter betragen, damit das Bürsten möglich ist. Probleme entstehen beim geplanten Bürsten von Folien. Es sollte sich um einseitig kaschierte Folien handeln, damit durch das Bürsten die gewünschten Effekte entstehen (vgl. Drossel et. al. 2018, S. 102).

Der Begriff „Dessinieren" bezeichnet das Walzen mit speziell strukturierten Prägewalzen. Ein Ziel ist die Herstellung von dekorativen Mustern. Ebenso ist es möglich, mittels Dessinieren funktionale Oberflächenstrukturen zu erzeugen (vgl. Drossel et. al. 2018, S. 520).

Der Begriff Polieren bezieht sich auf verschiedene Ergebnisklassen. Besonders hohe Anforderungen existieren beim Hochglanzpolieren. Spezielle Voraussetzungen müssen erfüllt sein, damit es möglich ist, Aluminium auf Hochglanz zu polieren. In der Regel sind Vorarbeiten erforderlich, die Oberfläche wird vorbehandelt. Sie muss möglichst glatt und eben sein, sodass die nächsten Stufen erreicht werden. Das Vorliegen einer glatten Oberfläche kann demnach als Notwendigkeit zum Polieren definiert werden. Unter anderem Rohre weisen diese glatten Oberflächen auf. Es ist darauf zu achten, dass die Oberflächen keine Beschädigungen erlitten haben. Ist die Oberfläche durch Kratzer, Risse oder andere Schadstellen verändert, dann ist das Polieren auf

Hochglanz nicht ohne Beheben der betreffenden Schadstellen realisierbar (vgl. Drossel et. al. 2018, S. 517).

3.3.2 Metallurgische Oberflächenbehandlungen

- Elektronenstrahllegieren
- Laserstrahllegieren
- Walzplattieren (vgl. Ostermann, 2014, S. 588).

Beim Laserstrahllegieren wird die Energie des Laserstrahls genutzt, um die Oberfläche lokal beschränkt zum Schmelzen zu bringen. Ein Schmelzbad bildet sich an der ausgewählten Stelle. In dieses Schmelzbad bringen die Arbeiter die gewählten Stoffe ein. Beide Substanzen vermischen sich. Die Auswahl der passenden Zusatzwerkstoffe, die hinzugefügt werden, hängt von der genauen Zielsetzung ab. Eine Sonderform des Legierens ist das Dispergieren. Der Unterschied liegt in der Behandlung des Zusatzwerkstoffes. Während sich beim Legieren der Zusatzwerkstoff auflösen beziehungsweise schmelzen darf, soll beim Dispergieren das Schmelzen weitestgehend verhindert werden (vgl. Eversheim, Pfeifer, Weck 2006, S. 560).

Beim Walzplattieren ändert sich unter großem Druck die Dicke des Aluminiums. Dank moderner Technologie und der Möglichkeit, enorme Kräfte zu erzeugen, ist es möglich, nahezu jede gewünschte Dicke des Aluminiums zu realisieren. Des Weiteren können mittels Walzplattieren zwei Materialien miteinander verbunden werden. Ausgangsstoff sind Bleche oder Bänder aus Aluminium, die durch die Walze gezogen werden. Oftmals erlauben die technischen Gerätschaften das individuelle Einstellen der gewünschten Dicke des Ausgangsstoffes. Werden mittels Walzplattierens zwei Ausgangsmaterialien zusammengefügt, dann führt man beide Platten beziehungsweise Bänder übereinander in die Walze. Die Materialien legen sich aufeinander und werden mittels hohem Druck zusammengepresst (vgl. Kammer 2014, S. 252).

3.3.3 Elektrochemische Oberflächenbehandlungen

Zu den elektrochemischen Oberflächenbehandlungen gehören:

- Anodisieren
- Hartanodisieren
- Farbanodisieren
- Galvanisieren mit Einlagerung
- Galvanisieren
- Plasmachemische Oxidation mit Einlagerungen
- Plasmachemische Oxidation ohne Einlagerungen (vgl. Ostermann, 2014, S. 588).

Die große Reaktionsfreude des Aluminiums kann bei den Anodisierungsverfahren genutzt werden. Das Anliegen ist es, dickere Schutzschichten gezielt auf die Oberfläche aufzubringen. Hintergrund ist die Bildung einer Trennung zwischen dem Aluminium und dessen Umgebung. Wenn das reine Aluminium nicht mehr auf den Sauerstoff trifft, dann wird die Reaktion zwischen dem Aluminium und dem Sauerstoff effektiv unterbunden. Ein Korrosionsschutz bildet sich (vgl. Kalweit et. al. 206, S. 532).

3.3.4 Chemische Oberflächenbehandlungen

Die chemischen Oberflächenbehandlungen wird auf folgende Art und Weise durchgeführt:

- Entfetten
- Beizen
- Chemisch Glänzen
- Ätzen
- Chemisch Nickel
- Phosphatieren
- Chromatieren (vgl. Ostermann, 2014, S. 588).

Beim Beizen und beim Ätzen wird ein Teil der Oberfläche abgetragen. Somit ändert sich die Oberfläche grundlegend, das Materialgewicht und das Materialvolumen nehmen ab (vgl. Drossel et. al. 2018, S. 520).

Für das Beizen wird eine Beizlösung eingesetzt. Es stehen verschiedene Beizlösungen zur Auswahl, die sich in ihren chemischen Eigenschaften unterscheiden. Vor der Wahl des passenden Mittels sind die genauen Eigenschaften zu betrachten. Natronlauge gilt als die gängigste alkalische Beizlösung für Aluminium. Ebenso ist es möglich, Natriumcarbonat oder eine Mischlauge einzusetzen. Die Anwender sollten Natronlauge bei einer Arbeitstemperatur von 50 bis 70 Grad Celsius verwenden. Die Beizdauer beträgt 1 bis 2 Minuten. Eine Beizdauer von 2 Minuten sollte nicht überschritten werden. Die Angaben beziehen sich auf 5 bis 10-prozentige Natronlauge. Natriumcarbonat wird bei einer Umgebungstemperatur von 50 bis 80 Grad Celsius verwendet. Sie kann mit Natriumclorid gemischt werden. Zu empfehlen sind 10-prozentiges Natriumcarbonat und 3-prozentiges Natriumchlorid oder der Einsatz von Natriumcarbonat ohne zusätzliches Natriumchlorid. Die optimale Beizdauer liegt zwischen 5 und 15 Minuten. Bildet man eine Mischlauge, so kann man 5 % NaOH und 4 % NaF verwenden. Die zulässige Arbeitstemperatur ist mit 90 Grad Celsius höher als bei den beiden erstgenannten Beizlösungen. Die Beizdauer ist in der Literatur mit 2 bis 5 Minuten angegeben. Neben diesen drei alkalischen Beizlösungen kommen in der Praxis aus saure Beizlösungen für die Behandlung von Aluminium zum Einsatz. Möglich sind unter anderem Schwefelsäure, Salpetersäure und eine Mischung aus Salpetersäure und Flusssäure. 3 bis 5-prozentige Schwefelsäure kann bei einer Arbeitstemperatur von 80 Grad Celsius eingesetzt werden. Der Angriff auf die Oberfläche erfolgt langsam und ungleichmäßig. Die Oberfläche weist eine schöne Mattierung auf. Die ideale Beizdauer liegt zwischen 2 und 10 Minuten. Die gleiche Beizdauer ist bei Salpetersäure erforderlich. Die Angabe bezieht sich auf 3-prozentige Salpetersäure. Jedoch sind die Einsatzgebiete für Salpetersäure eingeschränkt. Grundsätzlich können sowohl Reinaluminium als auch Legierungen mit Salpetersäure behandelt werden, jedoch sollten sich die Bestandteile in fester Lösung befinden. Für die erwähnte Mischung können die Arbeiter folgende Variante wählen: 54 Prozent Salpetersäure und 40 Prozent Flusssäure, was einem (chemischen) Verhältnis von 4 Teilen zu einem Teil entspricht. Bei diesen Angaben ist der Unterschied zwischen der Angabe in Teilen und in Gewicht zu berücksichtigen. In der praktischen Anwendung ist die Gewichtsangabe am leichtesten zu handhaben, chemisch ist das Teileverhältnis zur Analyse wichtig. Die Arbeitstemperatur beträgt 20 Grad Celsius. Die Mischlösung wird insbesondere bei Reinaluminium angewandt (vgl. Drossel et. al. 2018, S. 524).

Es ist von Vorteil, wenn die Beizlösungen langsam arbeiten. Die Lösungen sollten das Aluminium nicht zu schnell angreifen, da ansonsten unerwünschte Veränderungen am Material möglich sind. Der Korrosionsschutz ist nicht mehr gegeben, wenn die Beizlösung das Metall zerklüftet. Muldenförmige Vertiefungen sind möglich, die an diesen Stellen die Gefahr der Korrosion erhöhen (vgl. Ginsberg, Fulda 1953, S. 324).

3.3.5 Physikalische Oberflächenbehandlungen

Die physikalischen Oberflächenbehandlungen werden folgendermaßen durchgeführt:

- Flammspritzen
- Aufvulkanisieren
- Nasslackieren
- Wirbelintern
- Pulverlackieren
- Plasmaspritzen (vgl. Ostermann, 2014, S. 588).

Beim Nasslackieren wird der Beschichtungsstoff in flüssiger Form auf das Aluminium aufgebracht. Eine Beschichtung bildet sich, deren Dicke von der eingesetzten Menge an Lack und der Gleichmäßigkeit des Auftragens abhängt. Es ist zu berücksichtigen, dass es sich um Flüssigkeiten handelt, die durch die Schwerkraft verlaufen können, was zu Veränderungen des Lackierbildes führt. Nach einer gewissen Zeit wird der Lack trocken und bildet die gewünschte Schicht. Um den Vorgang des Trocknens zu beschleunigen und somit das gewünschte Lackierbild zu erzeugen, werden chemische oder physikalische Vorgänge gezielt fokussiert (vgl. Metalloberfläche, Band 44, Ausgaben 7-12, 1990, S. 12).

Bei der Pulverlackierung kommt ein Pulverlack zum Einsatz. Das zu lackierende Werkstück muss elektrisch leitfähig sein, damit das Verfahren angewandt werden kann. Die Voraussetzungen sind beim Aluminium erfüllt. Es sind verschiedene Arbeitsschritte üblich, wie die Oberflächenvorbehandlung, die Zwischentrocknung, die elektrostatische Beschichtung und die Trocknung. Die Pulverlackierung wurde unter anderem entwickelt, um die Umweltverträglichkeit des Lackierens zu verbessern. Der Umgang mit Erdölressourcen ist ein zu berücksichtigender Aspekt. Die Umweltbilanz der Pulverlackierung ist nach Aussage von Experten besser als die Umweltbilanz der Nasslackierung - verglichen bezüglich des Umgangs mit Erdöl (vgl. Pietschmann 2010, S. 45ff.).

4 Lackieren von Aluminium

4.1 Herausforderungen

Bevor eine dekorative oder funktionale Oberflächenbehandlung erfolgt, muss ein definierter Oberflächenzustand hergestellt werden, denn die Qualität des Ergebnisses wird durch die Qualität der Vorarbeit bestimmt. Reinigungsverfahren nehmen eine bedeutende Rolle ein, sie schaffen die passenden Voraussetzungen für die weiteren Behandlungsschritte. Auch die Haftvermittlung ist relevant für die Vorbereitung. Haftung entsteht beispielsweise zwischen dem Metall und nicht-metallischen Beschichtungen (vgl. Ostermann 2014, S. 588).

Organische Schichten sind wasserdampfdurchlässig. Wird Aluminium mit einem organischen Material beschichtet, dann besteht die Gefahr von Veränderungen an der Übergangsstelle zwischen dem Metall und der Beschichtung. Die Feuchtigkeit durchdringt die organische Beschichtung, jedoch nicht das Metall. An ebendieser Stelle kann Korrosion entstehen. Die Oberflächenschicht des Aluminiums muss so verändert werden, dass die Gefahr der Korrosion gebannt wird. Geeignet sind chemische oder elektrochemische Oxidation, welche zur Passivierung des Aluminiums führen. Es ist möglich, einen zusätzlichen aktiven Schutz gegen Korrosion aufzubringen. Eine Option ist die Cr(VI)Gelbchromatierung. Aus Gründen der Arbeitshygiene wird in den letzten

Jahren dazu übergegangen, chromfreie Methoden zu nutzen (vgl. Ostermann, 2014, S. 588).

Es stehen mehrere alternative Methoden zu den chromhalten Verfahren zur Auswahl. In der Automobil-Zuliefererindustrie z.B. wird SAM angewandt. Dabei handelt es sich um das sogenannte Self Assembling Moleculars auf organischer Basis. Ein Anwendungsgebiet in der Automobilindustrie ist die Räderlackierung. Eine zweite Möglichkeit ist das Titan/Zirkon-Verfahren. Experten geben an, der entstehende Korrosionsschutz sei sehr gut. Die Silan-Technologie auf organischer Basis kommt ebenso zum Einsatz. Nicht nur bei der Bearbeitung von Aluminium, sondern auch bei der Arbeit mit verzinktem Stahl kann dieses Verfahren angewandt werden (vgl. Vincentz Network GmbH & Co. KG 2016, S. 220).

Die Wahl der passenden Dicke der Lackierung ist für Qualität, die Optik und die Haltbarkeit der Lackschicht entscheidend. Für Aluminium wird empfohlen, eine Lackschicht von 5 bis 20 g/m² aufzubringen. Liegt die Filmdicke über 10 g/m², dann entsteht eine porenfreie Oberfläche. Eine so gestaltete Lackschicht erfüllt hohe Ansprüche hinsichtlich chemischer Beständigkeit. Die Haltbarkeit der Lackierung des Aluminiums ist eine zentrale Herausforderung. Wie diese Herausforderung bewältigt wird, ist sehr unterschiedlich und hat unter anderem mit der Dicke des Aluminiummaterials beziehungsweise den geplanten Umgang mit dem Aluminium zu tun. Wird eine Aluminiumfolie beschichtet, später gefaltet wird, dann ist die Gefahr des Abblätterns des Lacks besonders groß. Die hergestellte Lackschicht muss diesen Belastungen trotzen. Temperaturunterschiede stellen eine weitere Herausforderung dar. Schwankt die Umgebungstemperatur, dann wirkt sich dies belastend auf die Lackschicht aus. Das Material verzieht sich, worauf sich dann Feuchtigkeit ablagern kann und Spannungen zwischen dem Aluminium und dem Lack entstehen. In Folge dessen erhöht sich das Risiko des Abblätterns des Lacks. Deshalb müssen geeignete Lackierungsmethoden gewählt werden, um ein derartiges Szenario zu vermeiden und die Resistenz gegenüber Temperaturschwankungen zu erhöhen. Des Weiteren können produktspezifische Ansprüche an das lackierte Material gestellt werden, die zur Herausbildung von Herausforderungen führen. Zentral ist es zu ermitteln, wo die lackierte Aluminiumfolie später eingesetzt werden soll. Dementsprechend muss der Lack gewählt werden. Einbrenn- und Reaktionslacke sind für ihre guten Ergebnisse bezüglich der Haltbarkeit bekannt. Jedoch ist ihre Verwendung nur bei ausreichender Dicke des Aluminiums zu empfehlen. Die Einbrenntemperatur beträgt rund 300 Grad Celsius, die Bänder sollten eine Mindestdicke von 0,03 Millimeter besitzen (vgl. Drossel et. al. 2018, S. 102).

Der Aspekt der Umweltverträglichkeit ist für die Wahl der passenden Mittel wichtig. Werden Lösungen eingesetzt und wird das Aluminium nach der Behandlung mit Wasser abgespült, dann besteht die Gefahr der Kontamination des Wassers mit chemischen Lösungen. Es ist daher darauf zu achten, umweltverträgliche Stoffe auszusuchen und die Lösungen beziehungsweise das nun verunreinigte Wasser zu reinigen (vgl. Kalweit et. al. 2006, S. 532).

4.2 Abtragen der Oxidschicht

Aluminium gilt als sehr reaktionsfreudig. Trifft Sauerstoff auf die Oberfläche, dann oxidiert das Material. Dabei bildet sich Aluminiumoxid. Es ist nahezu unmöglich, reines Aluminium, das keine Schicht aus Aluminium an der Oberfläche gebildet hat, unter natürlichen Umgebungsbedingungen zu halten, (vgl. Kalweit et. al. S. 532).

Möglich ist das Abtragen der Aluminiumschicht z.B. mit Hilfe eines Lasers. Dann führt das Abtragen der Oxidschicht des Aluminiums zur Herabsetzung des Reflexionsgrades. Im Ausgangszustand ist von einem Reflexionsgrad von 92 Prozent auszugehen. Trägt man die Oxidschicht ab, dann wird der Reflexionsgrad auf bis zu 57 Prozent reduziert und der Abtrag erhöht sich (vgl. Callies1999, S. 34).

Da jedes Bauteil und jede Materialmischung ihre Besonderheiten aufweist, sollte nach Möglichkeit mit einem Testobjekt gearbeitet werden. Die ausgewählten Mittel und Verfahren können gefahrlos an den Testobjekten ausprobiert werden. Bereits kleine Unstimmigkeiten erfordern die Anpassung der chemischen Lösungen beziehungsweise der Behandlungskonzeption. Nachdem alle Parameter optimiert worden sind, erfolgt die Behandlung des eigentlichen Werkstücks (vgl. Drossel et. al. 2018, S. 517).

4.3 Entfetten

Beim Entfetten stehen verschiedene Möglichkeiten zur Verfügung, mit denen die Oberfläche des Aluminiums gereinigt und entfettet werden kann. Unter anderem können die Arbeiter eine chemische Behandlungsmethode nutzen. Die Reinigung der Oberflächen erfolgt vor anderen Behandlungsmethoden wie dem Beschichten. Durch das Entfetten werden Fette, Wachse und Öle von der Oberfläche entfernt. Jedoch ist die Reinigung nicht nur auf diese Stoffe beschränkt, obgleich sie die zentrale Gruppe der zu entfernenden Stoffe darstellen. Im Zuge der Reinigung werden auch grobe Materialien wie Staub und Späne abgenommen. Der Begriff der Reinigung stellt die Oberkategorie dar. Das Entfetten ist ein Teil der Reinigung, weil das Entfernen von Fettschichten als Reinigung bezeichnet werden kann (vgl. Drossel et. al. 2018, S. 520).

Die Wahl des passenden Reinigungsmittels erfolgt in Abhängigkeit von der vorhandenen Verschmutzung. Fette können mitunter sehr hartnäckig sein, sodass starke Reinigungsmittel notwendig sind. Für schwerlösliche Fette werden Fettlösemittel, wie Perchloräthylen und Trichloräthylen, angeboten. Die Fette, Öle und Wachse lösen sich durch die Behandlung mit den Mitteln von der Oberfläche. Dabei ist zu empfehlen, in einem geschlossenen Gefäß zu arbeiten. Das Aluminium sollte nur mit dem Fettlösemittel und sonst keinen weiteren Stoffen in Berührung kommen. Zur besseren Wirkung und Handhabung werden die Lösungsmittel als Dampf eingesetzt (vgl. Ginsberg, Fulda 1953, S. 324).

Forscher sind bemüht, neue Verfahren zur Entfettung zu entwickeln. Ein Ansatz ist der Einsatz von Ultraschall. Bevor derartige Methoden in der Praxis eingesetzt werden, ist die gründliche Analyse der Wirkung erforderlich. Zum einen muss nachgewiesen werden, dass die entfettende Wirkung einsetzt. Im Falle der Nutzung von Ultraschall ist zu untersuchen, ob nicht nur Fett, sondern auch kleine Metallteile abgenommen werden. Des Weiteren muss bei der Erprobung neuer Methoden kontrolliert werden, ob keine unerwünschten Nebenwirkungen am Aluminium auftreten. Die Bleche und Bänder dürfen durch die Behandlung nicht beschädigt werden (vgl. Drossel et. al. 2018, S. 522).

Diverse Versuche haben gezeigt, dass Metall mittels Ultraschall entfettet werden kann. Jedoch werden materialspezifisch weitere Untersuchungen vorgenommen, die im Einzelfall aufzeigen, welche Wirkung am jeweils vorliegenden Materiale erzielt werden. Hierzu können mehrere Proben des Materials genutzt werden und unterschiedliche Mittel zur Entfettung werden ausprobiert. Im Anschluss wird die Entscheidung getroffen, welches Vorgehen die besten Ergebnisse geliefert hat (vgl. Aluminium, Band 78, Ausgaben 1-6, Aluminium-Verlag, 2002, S. 90).

Entscheiden sich die Akteure für die elektrolytische Entfettung, dann ist zu definieren, ob die kathodische Entfettung oder die anodische Entfettung durchgeführt wird. Bei Aluminium erfolgt eine kathodische Entfettung. Eisen hingegen wird zunächst kathodisch und dann kurz anodisch entfettet (vgl. Hoinkis 2016, S. 434).

Abhängig vom Verschmutzungsgrad erfolgt die Reinigung nicht in einem Schritt, sondern es werden mehrere Schritte ausgeführt. Dabei ist zunächst zu ermitteln, welche Verunreinigungen vorhanden sind. Insbesondere die Frage, ob ausschließlich Fette oder auch grober Schmutz zu finden ist, ist von Belang (vgl. Hoinkis 2016, S. 434).

4.4 Prämissen der Lackierbarkeit von Aluminium

Eine wichtige Prämisse für den Erfolg des Lackierens von Aluminium ist die Wahl der richtigen Lackdicke. Sollen beispielsweise Folien lackiert werden, dann ist eine Schichtdicke von 5 bis 20 g/m² von Vorteil. Die chemische Beständigkeit ist in diesem Fall gut. Ab einer Lackdicke von 10 g/m² entsteht eine porenfreie Oberfläche. Die Beachtung des richtigen Temperaturbereichs ist ebenfalls wichtig. Einbrenn- und Reaktionslacke bieten einen guten Schultz gegen chemische Angriffe. Die Einbrenntemperatur beträgt rund 300 Grad Celsius. Es ist beim Lackieren darauf zu achten, dass das gewählte Vorgehen mit den Eigenschaften des Ausgangsmaterials harmoniert. Einbrenn- und Reaktionslacke beispielsweise sollten erst ab einer Bänderdicke von mindestens 0,03 mm aufgebracht werden (vgl. Drossel et. al. 2018, S. 102).

Die notwendigen Voraussetzungen an den Lack hängen unter anderem von dem Zweck der Lackierung ab. Zu unterscheiden ist vor allem zwischen Schutzlacken und verzierenden Lacken. Schutzlackierungen auf Folien bieten einen relativ schwachen Schutz gegen chemische Einflüsse, sie werden mit einer Dicke von 1,0 bis 2,5 g/m² aufgebracht. Die Oberfläche ist nicht völlig porenfrei. Soll das Aluminium nicht nur lackiert, sondern gleichzeitig auch gefärbt werden, dann werden Farbkörner in das Lackbindemittel eingefügt. Verschiedene Zielsetzungen - wie die Beständigkeit gegenüber Wasser - werden durch die Wahl des passenden Lackiermittels erreicht (vgl. Drossel et. al. 2018, S. 102).

Die Reinigung als Vorbehandlung ist eine weitere Prämisse. Für Aluminium sollten tendenziell schwächer alkalisch eingestellte Produkte verwendet werden (vgl. Adams 1999, S. 31).

5 Schweißen von Aluminium

5.1 Herausforderungen

Eine Herausforderung beim Schweißen ist die Vermeidung von Rissen. Durch die lokale Erwärmung besteht das Risiko von Heißrissen, die auch nach dem Erstarren noch erkennbar sind. Bei diesen Rissen handelt es sich um begrenzte Werkstofftrennungen, die eine überwiegend zweidimensionale Gestalt haben. Heißrisse bilden sich durch eine niedrigschmelzende Phase während des flüssigen Zustandes. Der Namensbestandteil „heiß" ist nicht auf die Temperatur, sondern auf den Aggregatzustand bezogen (vgl. Hilbinger, 2000, S. 9).

Auch die Schicht aus Aluminiumoxid, die sich an der Oberfläche des Aluminiums befindet, stellt eine Herausforderung für das Schweißen dar. Die Schicht bildet sich durch die Neigung des Aluminiums zur Oxidation. Al2O3 entsteht an der Oberfläche. Grundsätzlich ist diese Schicht positiv hinsichtlich des weiteren Schutzes gegen Korrosion zu bewerten. Bezogen auf den Schweißvorgang besteht allerdings ein Problem: Aluminiumoxid ist dichter als Aluminium. Außerdem ist der Schmelzpunkt höher als beim reinen Aluminium. Der Schmelzpunkt von Aluminiumoxid beträgt 2.050 Grad Celsium, Aluminium schmilzt bei 600 Grad Celsius. Es ist erforderlich, dass der Wärmestrom das Aluminiumoxid löst. Ist dies nicht möglich, dann müssen die Arbeiter vor dem Schweißen die Schicht aus Aluminiumoxid entfernen (vgl. Hirt, Bez, Nussbaumer 2007, S. 83).

Sollen durch das Schweißen zwei unterschiedliche Werkstoffe, beispielsweise Aluminium und Stahl, miteinander verbunden werden, so stellt sich die Frage nach der optimalen Reaktionstemperatur. Die Temperatur ist nicht nur von den beteiligten Materialien, sondern auch von den Eigenschaften der jeweiligen Stoffe abhängig. Unter anderem die Legierungsanteile und die Dicke des Bleches sind entscheidend (vgl. Eichhorn 1970, S. 18).

Aus der Aufgabe des Schweißens von Aluminium mit Stahl lässt sich eine weitere Problematik ableiten, die zur Herausforderung wird. Beide Werkstoffe besitzen unterschiedliche Eigenschaften. Wird ein Werkstoff mit dem gleichen Werkstoff verschweißt, dann sind ausschließlich Materialien mit gleichen Eigenschaften beteiligt. Die Bedingungen sind auf beiden Seiten gleich. Die Kombination von Aluminium und Stahl hingegen wird zur Herausforderung. Die Wahl des passenden Schweißverfahrens ist entscheidend. Dabei bestehen Unterschiede hinsichtlich der Eignung für das Schweißen. Verfahren, bei denen Aluminium und Stahl in flüssiger Form vorliegen, sind beim Schweißen kombinierter Materialien zu vermeiden. In der Schmelzzone würden sich spröde intermetallische Phasen ausbilden. Widerstands-, Schutzgas- und Laserstrahlschweißen gehören zu dieser Gruppe. Des Weiteren besteht die Gefahr von Kontaktkorrosion zwischen den Materialien. Beim Schweißen von Stahl mit Aluminium kann an der Kontaktstelle Korrosion entstehen, die verhindert werden muss. Geeignete Korrosionsschutzmaßnahmen sind erforderlich, um die Entstehung von Kontaktkorrosion zu unterbinden. Möglich sind verschiedene Verfahrenskombinationen. Zwei Beispiele sind das Stanznieten und das Punktschweißkleben (vgl. Bachhofer 2000, S. 27).

Hinsichtlich der Ermittlung des optimalen Vorgehens beim Schweißen von Aluminium mit Stahl besteht weiterer Forschungsbedarf. Es werden in der Industrie zwar Methoden angewandt, einige Probleme bleiben jedoch bestehen, sodass sich die Frage stellt, wie die Vorgehen optimiert werden können beziehungsweise welche Anpassungen erforderlich sind. Die vorgeschaltete Zerstörung der Schicht aus Aluminiumoxid ist unabdingbare Voraussetzung, wenn Stahl mit Aluminium verschweißt werden soll. Eine dichte Schicht stört dann den weiteren Vorgang (vgl. Eichhorn 1970, S. 5).

Die zum Schweißen benötigte Geschwindigkeit kann als eine weitere Herausforderung erachtet werden. In der Produktion und der Fertigung bestehen Vorgaben bezüglich der Zeit. Die Arbeiten müssen innerhalb bestimmter Intervalle ausgeführt werden. Das Schweißen kann jedoch nicht beliebig beschleunigt werden. Eine gewisse Zeit ist erforderlich, damit das Ergebnis die gewünschte Qualität besitzt. Zu berücksichtigen ist außerdem, dass nicht nur für das reine Schweißen Zeit benötigt wird, auch die Vorarbeiten wie die Oberflächenbehandlung erfordert Zeit. Die Gesamtzeit ist somit einer Mindestgrenze unterworfen und kann nicht beliebig herabgesetzt werden (vgl. Kern 1999, S. 72).

Eine weitere Herausforderung stellt außerdem die Einstellung der richtigen Schweißparameter dar. Die jeweilige Situation muss bei der Entscheidungsfindung berücksichtigt werden. Die Wahl der optimalen Schweißparameter und der zugehörigen Einstellungen beeinflusst das Ergebnis des Prozesses wesentlich. Es ist abhängig vom Verlauf erforderlich, während des Schweißens Korrekturen vorzunehmen, um ungewünschte Entwicklungen zu verhindern beziehungsweise den entsprechenden Verläufen entgegenzuwirken. Die Geschwindigkeit des Schweißvorgangs beispielsweise kann angepasst werden, wodurch sich das Risiko der Rissbildung verändert (vgl. Kern 1999, S. 72).

Ein weiterer Aspekt, der beim Schweißen berücksichtigt werden muss, ist der Punkt der Kosten. Die unterschiedlichen Schweißverfahren besitzen unterschiedliche Kostenstrukturen. Das Schutzgas-Lichtbogenschweißen gilt als relativ kostengünstig. Es ist unter diesem Gesichtspunkt ein geeignetes Verfahren. Bei der Wahl des Verfahrens muss außerdem beachtet werden, ob die Ausführung manuell oder mechanisch erfolgt. Diese Frage ist hinsichtlich der Kosten und der Prozesse von Bedeutung. Es soll an dieser Stelle nicht bewertet werden, ob die manuelle oder die mechanische Vorgehensweise von Vorteil ist. Entscheidend ist, dass das gewählte Verfahren mit den Zielsetzungen des jeweiligen Betriebs übereinstimmen. Diese Aufgabe wird als Herausforderung bezeichnet. Die Steuerung der Energie des Lichtbogens beim Lichtbogenschweißen ist eine weitere Herausforderung, die zu berücksichtigen ist. Das eingesetzte Gas beeinflusst die Energiemenge. Aus der Energiemenge wiederum leitet sich die Form des Schweißbades ab. Jeder einzelne Parameter beim Schweißen kann zu Veränderungen des Ergebnisses führen. Somit ist es wichtig, die Vorgänge genau zu planen und die Parameter möglichst konstant zu halten. Die Schweißvorgänge müssen widerholbar sein, was zur Forderung führt, dass alle Rahmenbedingungen bekannt sein müssen (vgl. Ostermann 2014, S. 615).

5.2 Abtragen der Schicht aus Aluminiumoxid von der Oberfläche

Durch das Abtragen der Schicht aus Aluminiumoxid von der Oberfläche wird der Schmelzpunkt herabgesetzt. Besteht die Oberfläche aus Aluminium und nicht aus Aluminiumoxid, dann schmilzt der Berührpunkt direkt bei 600 Grad Celsius und nicht erst bei 2.050 Grad Celsius (vgl. Hirt, Bez, Nussbaumer 2007, S. 83).

Grundsätzlich ist es möglich, die Aluminiumoxidschicht auf dem Material zu belassen. Allerdings besteht in diesem Fall die Gefahr, keine gleichmäßigen Festigkeitswerte zu erreichen. Entfernen die Arbeiter die Schicht aus Aluminiumoxid vor dem Schweißen, dann verbessert sich das Ergebnis. Die Entscheidung, die Aluminiumoxidschicht vor dem Schweißen zu entfernen, bietet weitere Vorteile: Wird der Schritt der Oberflächenbehandlung vorgelagert, dann wird hierbei nicht nur das Aluminiumoxid entfernt, sondern auch Fett, Schmutz und allgemeine Verunreinigungen werden beseitigt. Dieses Vorgehen trägt zur weiteren Ergebnisverbesserung bei (vgl. Ostermann, 1992, S. 75).

5.3 WIG Schweißen

Das Wolfram-Inertgas-Schweißen (WIG-Schweißen) ist der Gruppe des Schutzgasschweißens zugeordnet. Es gehört zur Kategorie des Lichtbogenschweißens, welches dem Schmelzschweißen inbegriffen ist. Zwischen dem Werkstück und einer Elektrode aus Wolfram brennt ein elektrischer Lichtbogen. Wolfram besitzt einen relativ hohen Schmelzpunkt. Die aus Wolfram bestehende Elektrode schmilzt daher nicht ab, wie dies bei anderen Lichtbogenverfahren erfolgt. Die Arbeiter halten den Zusatzwerkstoff - beispielsweise in Form von Stäben oder Drähten - in den Lichtbogen. Der Zusatzwerkstoff schmilzt. Der Grundstoff wird ebenfalls durch den Lichtbogen geschmolzen. Es ist nicht zwingend erforderlich, beim WIG-Schweißen einen Zusatzwerkstoff zu verwenden. Schutzgase verhindern, dass die Schmelze mit der Umgebungsluft reagiert. Die Schutzgase selbst dürfen an keinen chemischen Reaktionen mit den Werkstoffen teilhaben. Geeignete Schutzgase sind Helium und Argon. Im Vergleich zum Metall-Inertgas-Schweißen ist das WIG-Schweißen langsamer, da ansonsten die Nahtqualitäten nicht hochgehalten werden könnten (vgl. Wossog 2008, S. 642).

Um einen guten Einbrand beim WIG-Punktschweißen zu erreichen, ist die Durchführung unter Gleichstrom und negativ gepolter Elektrode unter Zuhilfenahme von Helium von Vorteil. Durch Hochfrequenz wird der Lichtbogen gezündet. Zu beachten ist, dass bei negativ gepolter Elektrode kein Reinigungseffekt auftritt. Aus diesem Grund ist es erforderlich, die Verbindungsstellen sehr sorgfältig vorzubehandeln. Die Vorbereitung muss daher intensiv durchgeführt werden. Der Lichtbogen unter Helium ist energiereich. Der Einbrand ist tief und konzentriert (vgl. Kammer 2014, S. 180).

Die Gefahr der Kontaktkorrosion ist im Fahrzeugbau - wo Aluminium eingesetzt wird - groß. Flächenkorrosion und Lochkorossion stellen an dieser Stelle keine große Gefahr dar, sie treten im Fahrzeugbau so gut wie nicht auf. Die Kontaktkorrosion hingegen werden bereits durch die Anwesenheit eines leitfähigen Mediums wie Wasser begünstigt. Es sind daher Schutzmaßnahmen zu treffen. Spannungskorrosion ist ein weiteres Risiko, das gesenkt werden muss (vgl. Brückner 2006, S. 14).

Das maschinelle WIG-Verfahren wird im Fahrzeugbau trotz der bestehenden Herausforderungen eingesetzt. Praxiserfahrungen tragen zur Weiterentwicklung der Methodik bei. Es ist erforderlich, zu ermitteln, unter welchen Voraussetzungen die besten Ergebnisse erreicht werden. Findet das Schweißen von Aluminium mit Aluminium statt, dann ist die Aufgabe leichter als beim Schweißen von Stahl mit Aluminium. Die Wahl der Materialien hängt jedoch vom genauen Einsatzgebiet der Produktionsteile ab und kann daher nicht frei gewählt werden. Die Optimierung des WIG-Schweißens ist wichtig, um im Fahrzeugbau die Gewichtsreduktion weiter fortsetzen zu können. Aluminium überzeug durch sein geringes Gewicht. Um effektiv genutzt werden zu können, ist im Fahrzeugbau die Kombination mit anderen Werkstoffen beziehungsweise die Verbindung mit anderen Werkstoffen erforderlich (vgl. Eichhorn 1970, S. 5).

5.4 Prämissen der Schweißbarkeit von Aluminium

Der Begriff „Schweißbarkeit" bezieht sich üblicherweise auf den Werkstoff, die Konstruktion und die Prozesstechnik. Ostermann nimmt allerdings eine Einschränkung des Ausdrucks vor und verwendet stattdessen den Begriff „Schweißeignung", der als Eigenschaft eines Werkstoffes zu verstehen ist. Ein Stoff zeichnet sich durch Schweißeignung aus, wenn mit ihm Schweißverbindungen hergestellt werden können, die mit zu gewährleistenden Eigenschaften zuverlässig erzeugt werden können. Es kann nicht von einer einheitlichen Schweißeignung verschiedener Aluminiumlegierungen gesprochen werden. Die Schweißeignung hängt von der konkreten Legierung, aber auch dem ausgewählten Schweißverfahren ab. Nicht mit jedem Schweißverfahren besitzen alle Aluminiumlegierungen die gleiche Schweißeignung. Grundsätzlich sind Aluminiumlegierungen gut schmelzschweißbar. Aus den Eigenschaften der Legierungen lassen sich die Prämissen für die Schweißbarkeit und das Schweißen ableiten:

1. Für den Schmelzschweißprozess ist ein relativ hoher Wärmeeintrag notwendig. Zwar ist der Schmelzpunkt von Aluminium - beispielsweise verglichen mit dem Schmelzpunkt von Stahl - verhältnismäßig niedrig, dennoch existieren andere Faktoren, die für die Erfordernis eines hohen Wärmeeintrags sorgen. Die hohe Wärmeleitfähigkeit, die hohe spezifische Wärme und die höhere Schmelzwärme erfordern den hohen Wärmeeintrag.

2. Das Abfließen von Wärme während des Schweißens ist zu verhindern. Die hohe Wärmeleitfähigkeit führt zum Risiko des Abfließens von Wärme während des Schweißes aus der Schweißzone in benachbarte Regionen des Grundwerkstoffs (vgl. Ostermann 2014, S. 600).

3. Durch den Zusatz gezielter Legierungselemente wird die Aushärtbarkeit des Aluminiums gewährleistet. Abhängig von den zugesetzten Legierungsstoffen können die Aluminiumlegierungen in die Gruppe der aushärtbaren AL-Legierung oder die Gruppe der nicht-aushärtbaren AL-Legierungen eingeteilt werden. Die Aushärtbarkeit ist eine der wichtigsten Eigenschaften des Aluminiums (vgl. Dilthey 2005, S. 221).

4. Die Behandlung der Oberfläche vor Beginn des Schweißens ist eine zentrale Prämisse für den Erfolg des Schweißvorhabens. Grundsätzlich ist zu versuchen, durch die optimale Lagerung und die optimale Prozessvorbereitung die Bildung einer Oxidschicht zu unterdrücken. Hinderlich wirkt sich die Neigung des Aluminiums zur schnellen Ausbildung einer Oxidschicht an der Oberfläche aus. Es lässt sich nur schwer vermeiden, dass die Oberfläche mit Sauerstoff reagiert. Daher muss angestrebt werden, eine dünne Oxidschicht mit konstanter Stärke zu halten.

5. Die Reinigung der Oberfläche inklusive der Entfernung von Fetten und Verunreinigungen ist eine Voraussetzung für die Schweißbarkeit des Aluminiums (vgl. Brückner, 2006, S. 11).

6. Eine weitere Prämisse ist die Reduktion des Wasserstoffangebots für das Schweißbad durch hohe Sauberkeit der Einzelteile. Die Wasserstofflöslichkeit von Aluminium ist hoch. Bei Erstattung verringert sich die Wasserstofflöslichkeit sprunghaft. Befinden sich im Lichtbogenbereich chemische Verbindungen mit Wasserstoff, dann besteht die Gefahr von Gaseinschlüssen und Poren. Eine zu hohe Abkühlgeschwindigkeit verursacht die Entstehung von Poren, der Wasserstoff kann die Schmelze nicht mehr verlassen. Auf die passende Luftfeuchtigkeit beim Schweißen ist zu achten, da die Luftfeuchte die Porenbildung beeinflusst (vgl. Brückner, 2006, S. 12).

6 Fazit

In dieser Arbeit ging es um die Fragestellung: „Welche Voraussetzungen müssen für die Schweißbarkeit und Lackierbarkeit der Bauteile gewährleistet sein?" befasst. Die Oberflächenbehandlung von Aluminium ist entscheidend, um die Qualität des Ergebnisses beim Schweißen und Lackieren positiv zu beeinflussen. Die Aspekte der Schweißbarkeit und Lackierbarkeit beinhalten nicht nur die Materialeigenschaften, sondern auch die Auswahl der passenden Verfahren und geeigneter Rahmenbedingungen.

Aluminium ist ein Leichtmetall und fällt durch den niedrigen Schmelzpunkt auf. Zu berücksichtigen ist, dass Legierungen einen abweichenden Schmelzpunkt haben können, er kann im Vergleich zu reinem Aluminium höher oder geringer sein. Hinsichtlich der Verarbeitung ist der Schmelzpunkt zur Bestimmung der erforderlichen Temperatur von Bedeutung. Der notwendige Energieeintrag hängt unter anderem vom Schmelzpunkt ab. Jedoch resultiert beim Aluminium der niedrige Schmelzpunkt nicht unweigerlich in einem geringen Energieeintrag, da die Wärmeleitfähigkeit hoch ist. Wird die Temperatur beim Schweißen nicht ausreichend berücksichtigt, dann bilden sich Einschlüsse - das Ergebnis ist nicht wie gewünscht. Die Reinigung des Aluminiums ist eine der wichtigsten vorbereitenden Maßnahmen. An der Oberfläche können sich Fett und andere Verunreinigungen befinden, die zuverlässig entfernt werden müssen. Im weiteren Verarbeitungsprozess ist es wichtig, darauf zu achten, dass neuen Verschmutzungen entstehen. Bereits leichte Fettablagerungen beeinträchtigen das Ergebnis. Die Einhaltung von Schutzmaßnahmen und Vorkehrungen sind bei der industriellen Verarbeitung demnach unerlässlich. Eine Eigenschaft, die das Schweißen und Lackieren von Aluminium beeinflusst, ist die schnelle Oxidation der Oberfläche. Das Aluminium reagiert mit dem Sauerstoff der umgebenden Luft. Eine leichte Oxidschicht stellt einen wirkungsvollen Schutz gegen Korrosion dar. Mittels des Eloxal-Verfahrens wird gezielt eine dünne Oxidschicht an der Oberfläche erzeugt.

In der Arbeit wurden Prämissen für das Schweißen und Lackieren herausgearbeitet. Es ist in der Industrie üblich, Aluminium-Legierungen zu verwenden, die bei 400 bis 550 Grad Celsius verformt werden können. Die Wahl der richtigen Temperatur ist erfolgsentscheidend, gleichzeitig wird dadurch die notwendige Energiemenge bestimmt. Zur Vermeidung der Rissbildung beim Schweißen ist zunächst einmal die Auswahl des passenden Verfahrens erforderlich. Unter anderem das Schutzgasschweißen, das Rollennahtschweißen und das Laserstrahlschweißen eignen sich für den Werkstoff Aluminium.

Verschiedene Methoden der Oberflächenbehandlung sind bekannt und werden in der Praxis eingesetzt:

- Mechanische Oberflächenbehandlungen
- Metallurgische Oberflächenbehandlungen
- Elektrochemische Oberflächenbehandlungen
- Chemische Oberflächenbehandlungen
- Physikalische Oberflächenbehandlungen.

Innerhalb der einzelnen Gruppen existieren verschiedene Einzelverfahren, wie beispielsweise in der Kategorie der mechanischen Oberflächenbehandlungen:

- Schleifen
- Gleitschleifen
- Bürsten
- Honen
- Strahlen
- Polieren
- Trommelpolieren
- Läppen
- Hochglanzwalzen
- Glattwalzen
- Sprengplattieren
- Dessinierwalzen.

Zentrale Voraussetzungen für das erfolgreiche Schweißen von Aluminium sind:

1. Für den Schmelzschweißprozess ist ein relativ hoher Wärmeeintrag notwendig.

2. Das Abfließen von Wärme während des Schweißens ist zu verhindern.

3. Durch den Zusatz gezielter Legierungselemente wird die Aushärtbarkeit des Aluminiums gewährleistet.

4. Die Behandlung der Oberfläche vor Beginn des Schweißens ist wichtig.

5. Die Reinigung der Oberfläche inklusive der Entfernung von Fetten und Verunreinigungen ist wichtig.

6. Die Reduktion des Wasserstoffangebots für das Schweißbad durch hohe Sauberkeit der Einzelteile ist anzustreben.

Entscheidende Prämissen für die Lackierbarkeit sind:

1. Der passende Lack und die korrekte Lackdicke sind auszuwählen. Der Lack darf nicht bröckeln oder zu viele Poren aufweisen.

2. Die gründliche Reinigung ist durchzuführen.

3. Bei der Verarbeitung ist auf die korrekte Temperatur zu achten.

4. Die Oxidschicht muss vor der Verarbeitung abgetragen werden.

5. Die Entfettung ist wichtig.

Es ist darauf zu achten, bei der Reinigung der Oberfläche keine weiteren Veränderungen zu erzeugen. Chemische Mittel können eingesetzt werden, sie dürfen jedoch nicht die Oberfläche beschädigen. Konzentration der Lösungen und Einwirkzeit sind entscheidend, um dieses Ziel zu erreichen.

Literaturverzeichnis

Adams, Karl H.: Oberflächenvorbehandlung: Lackieren, Kleben, Emaillieren, Weinheim, 1999.

Aluminium, Band 78, Ausgaben 1-6, Aluminium-Verlag, 2002.

Bachhofer, Andreas: Schneiden und Schweissen von Aluminiumwerkstoffen mit Festkörperlasern für den Karosseriebau, München, 2000.

Bleisch, Günter, Majschak, Jens-Peter, Weiß, Uta: Verpackungstechnische Prozesse: Lebensmittel-, Pharma- und Chemieindustrie, Hamburg, 2011.

Brückner, Christian: Technologische Untersuchung zum MIG-Schweißen von Aluminiumwerkstoffen im Fahrzeugbau, Hamburg, 2006.

Brückner, Christian: Technologische Untersuchung zum MIG-Schweißen von Aluminiumwerkstoffen im Fahrzeugbau, Hamburg, 2006.

Callies, Gert: Modellierung von qualitäts- und effektivitätsbestimmenden Mechanismen beim laserabtragen, Wiesbaden, 1999.

Dilthey, Ulrich: Schweißtechnische Fertigungsverfahren 2: Verhalten der Werkstoffe beim Schweißen, 3. Aufl., Heidelberg 2005.

Drossel, Günter et. al.: Aluminium Taschenbuch 2: Umformung, Gießen, Oberflächenbehandlung, Recycling, 17. Aufl., Berlin 2018.

Eichhorn, Friedrich: Das Lichtbogenverbindungsschweißen von Aluminium und Stahl nach dem WIG-Verfahren, Wiesbaden, 1970.

Eversheim, Walter, Pfeifer, Tilo, Weck, Manfred: 100 Jahre Produktionstechnik: Werkzeugmaschinenlabor WZL der RWTH Aachen von 1906 bis 2006, Berlin, 2006.

Ginsberg, Hans, Fulda, Wilhelm: Das Aluminium, Berlin, 1953.

Hilbinger, Rolf Michael: Heissrissbildung beim Schweissen von Aluminium in Blechrandlage, Bayreuth, 2000.

Hirt, Manfred A., Bez, Rolf, Nussbaumer, Alain: Stahlbau: Grundbegriffe und Bemessungsverfahren, Lausanne, 2007.

Hoinkis, Jan: Chemie für Ingenieure, Weinheim, 2016.

Kalweit, Andreas et. al.: Handbuch für Technisches Produktdesign. Berlin, 2006.

Kammer, Catrin: Aluminium Taschenbuch 3: Weiterverarbeitung und Anwendung, Berlin, 2014.

Kern, Markus: Gas- und magnetofluiddynamische Maßnahmen zur Beeinflussung der Nahtqualität beim Laserstrahlschweißen, Leipzig 1999.

Knauer, Manfred: Hundert Jahre Aluminiumindustrie in Deutschland (1886-1986), München, 2014.

Köstermann, Heinrich: Schweißen von Stahl- und Gußrohren, Essen, 1997.

Metalloberfläche, Band 44, Ausgaben 7-12, München 1990.

Ocken, Uwe: Die Entdeckung der Chemischen Elemente und die Etymologie ihrer Namen, Norderstedt, 2015.

Ostermann, Friedrich: Aluminium - Werkstofftechnik für den Automobilbau, Böblingen, 1992.

Ostermann, Friedrich: Anwendungstechnologie Aluminium, 3. Aufl., Berlin, 2014.

Pietschmann, Judith: Industrielle Pulverbeschichtung: Grundlagen, Anwendungen, Verfahren, 3. Aufl., Wiesbaden 2010.

Rau, Günther, Ströbel, Reinhold: Die Metalle: Werkstoffkunde mit ihren chemischen und physikalischen Grundlagen, München, 2004.

Stockley, Corinne: Tessloffs Schülerlexikon Biologie, Chemie, Physik, Nürnberg 2007.

Stüssi, Fritz: Tragwerke aus Aluminium, Heidelberg, 1955.

Svejda, Pavel: Berechnung charakteristischer Spritzbild- und Qualitätsmerkmale beim Lackieren, Heimsheim, 1998.

Vincentz Network GmbH & Co. KG: Jahrbuch besser lackieren. 2017, Hannover 2016.

Wossog, Günter: Handbuch Rohrleitungsbau: Planung, Herstellung, Errichtung, Essen, 2008.